RECHERCHES ANATOMIQUES

SUR LES REPTILES

REGARDÉS ENCORE COMME DOUTEUX

PAR LES NATURALISTES,

FAITES A L'OCCASION DE L'AXOLOTL RAPPORTÉ PAR
M. DE HUMBOLDT DU MEXIQUE;

PAR

F. G. CUVIER.

PARIS,

DE L'IMPRIMERIE DE L. HAUSSMAN[...] DE LA HARPE, N°. 80.

1807.

RECHERCHES ANATOMIQUES
SUR LES REPTILES
REGARDÉS ENCORE COMME DOUTEUX
PAR LES NATURALISTES;
FAITES A L'OCCASION
DE L'AXOLOTL,
RAPPORTÉ PAR M. DE HUMBOLDT DU MEXIQUE,

PAR M. CUVIER[1].

I. *Remarques préliminaires.*

Le nom d'*amphibie*, en tant qu'il signifie un animal *vivant*, et surtout, *respirant aussi bien dans l'eau que dans l'air*, ne convient à aucun des animaux qui l'ont reçu des anciens et de la plupart des modernes.

[1] Ce Mémoire a été lu à l'Institut national, les 19 et 26 Janvier 1807.

Sans parler des *loutres* et des *hippopotames*, qui sont de vrais quadrupèdes aëriens, que la recherche de leur nourriture attire seule au bord des eaux, les *phoques* et les *cétacés*, que leurs organes du mouvement contraignent à passer toute ou presque toute leur vie dans les eaux, ne peuvent cependant respirer que l'air.

Tous les *reptiles* auxquels Linnæus a transféré ensuite ce nom d'*amphibies*, sont dans le même cas dans leur état adulte; ils ne peuvent non plus respirer que l'air, soit qu'ils y vivent toujours, comme les *lézards*, soit qu'ils s'enfoncent dans l'eau pour plus ou moins de temps, comme les *grenouilles* et les *salamandres*. Au contraire, les poissons cartilagineux que ce même naturaliste avoit réunis aux reptiles, ne peuvent, comme tous les autres poissons, respirer que par l'intermède de l'eau; ils n'ont que des branchies, et c'est pour avoir regardé comme des poumons la vessie natatoire fourchue de quelques-uns d'entr'eux, que le D[r]. Garden avoit causé l'erreur de Linnæus.

Les seules *larves* ou *têtards* des *reptiles batraciens*, c'est-à-dire des *salamandres* et des *grenouilles*, *rainettes* et *crapauds*, réunissent des branchies et des poumons, respirent à la fois, du moins pendant un certain temps, et l'air élastique en nature, et celui que contient l'eau, participent par conséquent, d'une manière égale, de la nature des animaux aëriens et des animaux aquatiques, et peuvent donc, si l'on veut, porter le nom d'*amphibies* dans son acception la plus rigoureuse.

Mais ce n'est là pour eux qu'un état transitoire et peut-être seulement momentané pour quelques-uns. A mesure que leurs poumons se développent, leurs branchies s'oblitèrent, et ils perdent entièrement celles-ci, souvent avant même d'être arrivés à toute la taille qu'ils doivent avoir, et surtout avant d'être propres à la génération.

Voilà du moins ce que l'on observe sur tous les *têtards* de notre climat, sur tous ceux qu'il a été possible d'élever et de suivre dans les divers degrés de leurs développemens.

Mais les naturalistes ont observé trois autres êtres réunissant, comme nos têtards, les deux sortes d'organes respiratoires, ne paroissant perdre ni l'un ni l'autre à aucune époque de leur vie, et d'ailleurs, de forme et de grandeur telles, que l'on ne connoît, dit-on, dans les pays qu'ils habitent aucun reptile parfait dont ils puissent être les larves.

Ces trois espèces d'êtres sont-ils en effet des animaux parfaits, de vrais *amphibies permanens?* Doivent-ils être considérés comme une classe intermédiaire entre les reptiles et les poissons? C'est ce que nous allons rechercher; mais comme ce que nous en allons dire suppose la connoissance de la circulation dans nos têtards ordinaires, nous nous en occuperons d'abord d'après des observations qui me sont communes avec mon ami, M. Duméril, professeur à l'Ecole de Médecine.

Le seul auteur qui en ait parlé, l'immortel Swammerdam, n'a fait, de son aveu, qu'ébaucher ce sujet; et quoique nous puissions ajouter quelque chose à ce qu'en a dit ce grand anatomiste, nous serons bien éloignés de l'épuiser. Il est d'autant plus intéressant, que le *têtard* est le seul animal où la métamorphose se fasse pour ainsi dire sous nos yeux, et où nous puissions suivre chaque système organique dans son passage d'une forme à une autre toute opposée.

II. *Observations anatomiques sur les Têtards.*

Les têtards de grenouilles, de rainettes et de crapauds diffèrent de ceux de salamandres, principalement parce que leurs branchies sont cachées [1]. L'eau n'en peut sortir que par deux trous percés à des endroits différens, selon les espèces; il y en a même plusieurs qui n'en ont qu'un seul du côté gauche. Tels sont les têtards de la jackie (*Rana paradoxa*), et dans notre pays celui du crapaud brun; mais le têtard de la grenouille commune m'a paru en avoir deux, placés l'un et l'autre en dessous.

Quand on ouvre longitudinalement la peau d'un têtard, on aperçoit que son intérieur est divisé en deux parties, ou contenu dans deux sacs membraneux.

Le premier s'étend depuis les mâchoires cornées et postiches qui forment le bec du têtard, jusque derrière les branchies : il les enveloppe entièrement. L'autre sac comprend les viscères abdominaux; c'est le péritoine, sur lequel on commence déjà à voir les vestiges des muscles de l'abdomen.

Le premier sac est fort mince, transparent, et percé des

[1] D'après Swammerdam et Rœsel, les branchies seroient extérieures et libres dans les premiers momens de l'existence du têtard, et rentreroient ensuite; mais je n'ai pas encore eu d'occasion de suivre ce changement : je décris ici des têtards au moins de quelques semaines.

mêmes trous que la peau, pour l'écoulement de l'eau des branchies.

Celles-ci forment de chaque côté quatre rangées transversales de petites houppes, portées sur autant de petits arcs cartilagineux, lesquels sont hérissés du côté de la bouche de petits tubercules arrondis. Ces arcs sont articulés d'une part derrière le crâne, de l'autre à une espèce d'os hyoïde, et ont le même jeu que dans les poissons. Il y a dans leurs intervalles des espaces libres par où l'eau peut passer de la bouche aux branchies, pour sortir ensuite par les petits trous extérieurs.

Les têtards de grenouilles ont donc leurs branchies organisées en gros, comme certains poissons, tels que les *callyonymes* et autres, où l'eau ne peut sortir que par des ouvertures étroites: seulement ils n'ont ni opercules, ni rayons branchiostèges.

Les branchies proprement dites, ou l'organe propre de la ramification des vaisseaux pulmonaires, sont de petites houppes en forme de plumes, c'est-à-dire frangées des deux côtés. Chaque arceau cartilagineux en porte une trentaine : au milieu de chaque houppe sont ses deux principaux vaisseaux qui dérivent des deux grands vaisseaux de l'arc.

Il est bon de remarquer ici que les poissons nommés *syngnathes*, ont aussi leurs branchies en forme de houppes.

Le cœur, placé au devant de cet appareil, et recevant le sang du corps par la veine cave qui vient, comme à l'ordinaire, en grande partie au travers du foie, n'a qu'une oreillette et un ventricule, comme dans les poissons et comme dans les grenouilles ou salamandres adultes, sans aucunes de ces divisions qu'on observe dans les tortues ou dans les lézards. Du ventricule part une seule artère, qui se distribue complètement aux huit branchies, de manière qu'aucune goutte de sang ne peut se porter au reste du corps sans avoir passé par l'organe respiratoire. Les veines, qui rassemblent tout le sang qui a circulé dans les branchies, se portent vers le dos, et se réunissent successivement en un seul tronc qui devient l'artère descendante; mais, avant de se réunir, elles fournissent des artères à la tête, aux pieds de devant, au poumon et au foie; de manière que dans le têtard, le poumon reçoit du sang qui a déjà été exposé à l'action de l'eau, et que cette petite partie de sang de l'animal respire réellement deux fois : mais la grande masse de ce fluide ne respire qu'une fois, et d'une respiration aquatique ou semblable à celle des poissons.

Quand le têtard passe à l'état de grenouille, il se fait de grands changemens dans sa circulation, mais c'est par des moyens très-simples qu'ils s'opèrent. Le bras et la tête prenant de l'accroissement, les artères qui s'y rendent deviennent plus grosses : les branchies, au contraire, s'oblitèrent, leurs artères diminuent par degrés; mais comme il faut toujours que le sang passe et à la tête et aux autres parties, l'une des quatre principales artères des branchies grossit, et finit par servir seule de canal à ce fluide. Il en résulte que l'artère qui sort du cœur, et qui auparavant se divisoit en huit, se borne maintenant à se bifurquer, et que ses deux branches fournissent les rameaux artériels de la tête, du bras, du poumon, etc., enfin qu'elles se réunissent pour former l'aorte descendante. Or, ce que je viens de décrire est précisément la circulation de la grenouille, et l'on voit qu'il n'a fallu, pour la produire, que l'oblitération de six des artères branchiales du têtard et le grossissement des deux restantes.

Alors le sang ne respire plus que dans le poumon seulement; il n'y en passe à chaque pulsation qu'une très-petite fraction : la grenouille est devenue un animal purement aërien.

En même temps que ces changemens s'opéroient dans ses organes respiratoires, il s'en faisoit beaucoup d'autres dans le reste de son corps.

Ce bec étroit de corne, précédé de petites lèvres charnues, tomboit; tous ses muscles se sphacéloient; les mâchoires durcissoient, et formoient une bouche beaucoup plus large.

Les yeux, débarrassés de cette peau qui ne les laissoit paroître qu'au travers d'un disque transparent, se présentoient avec l'appareil compliqué de leurs trois paupières.

Les pieds de devant sortoient de l'enfoncement où ils étoient cachés, entre le sac qui renfermoit les branchies et celui du péritoine; les pieds de derrière grandissoient chaque jour davantage; cette longue queue, formée de tant de couches musculaires, animée par tant de nerfs et de vaisseaux, se disposoit à disparoître; les intestins, auparavant presque par-tout également minces, excessivement longs et contournés en une immense spirale, se raccourcissoient, et prenoient aux endroits convenables des dilatations pour l'estomac et pour le colon.

Mais dans le nombre de ces changemens qui font passer le têtard à l'état de grenouille, on ne peut pas ranger l'apparition des organes de la génération. On voit déjà dans le têtard les testicules, les ovaires et leurs appendices graisseuses; et s'ils n'ont pas toute la grandeur qu'ils auront dans la grenouille à l'époque de l'amour, ils approchent beaucoup de celle du reste de l'année.

Tout ce que nous avons dit du têtard de grenouille convient à celui du crapaud ; mais il y a dans les différentes espèces des variations considérables pour l'époque et la taille où chacune passe d'un état à l'autre, ainsi que pour la rapidité avec laquelle ce changement se fait. On sait que la *jackie* (*rana paradoxa*) ne perd sa queue que fort tard et long-temps après ses branchies, et que ses branchies elles-mêmes ne tombent que quand elle a déjà sa taille de grenouille : le *pipa* (*rana pipa*) perd, au contraire, l'une et l'autre de fort bonne heure et lorsqu'elle est encore très-petite. Les espèces qui perdent leurs branchies très-tard, sont plus grosses dans leur état de têtard que dans celui de grenouille, parce que ces organes surnuméraires leur gonflent la partie antérieure du corps autant que la queue le prolonge en arrière. Elles ont donc l'air de rappetisser en se métamorphosant, et ne croissent plus, une fois qu'elles sont grenouilles. Celles qui perdent leurs branchies et leur queue de très-bonne heure, ont au contraire encore long-temps à croître, et l'on en voit de toutes les tailles dans leur forme parfaite. C'est là ce qui a fait penser que la *jackie* se métamorphose en poisson. Les têtards étant plus grands dans cette espèce que les grenouilles adultes, on ne pouvoit pas croire que celles-ci fussent le second âge.

On pourroit rendre aux larves de *salamandres* le nom de *cordyles* qu'elles portoient chez les Grecs, selon la remarque de M. Schneider. Ce qu'il y a de sûr, c'est qu'elles ne devroient point porter celui de *têtard*, parce qu'elles n'ont point la tête renflée, attendu que leurs branchies ne sont point cachées sous de larges enveloppes, mais flottent librement hors du corps. Ce sont des houppes en forme de peignes, purement charnues ou membraneuses, attachées par des pédicules qui les laissent flotter librement dans l'eau. Les arceaux cartilagineux des côtés ne servent qu'à limiter les bords des petites ouvertures par où l'eau sort de la bouche; car, quoique la forme et la position des houppes semblent les exposer suffisamment à l'action de l'eau, il y a néanmoins encore de ces ouvertures par lesquelles l'animal peut établir un courant. Du reste, la circulation se fait dans ces branchies comme dans celles des têtards de grenouilles, et elle change de même quand les branchies s'oblitèrent.

Les larves de salamandres que j'ai observées avoient les viscères semblables à ceux des adultes, et ne portoient point de bec corné, quoique leurs branchies fussent encore bien entières. Je suppose donc qu'elles ressemblent aux salamandres adultes à cet égard, comme par leurs pieds et par l'organisation et la permanence de leur queue, beaucoup plus que les têtards ne ressemblent aux grenouilles.

On sait, par les observations de Spallanzani, que ce sont leurs pieds de devant qui paroissent les premiers.

III. *Recherches sur la Sirène.*

Après avoir ainsi rappelé ou fait connoître en abrégé toute la partie de l'histoire des larves de Batraciens, qui a rapport à nos recherches, venons maintenant aux trois genres qui font l'objet de ce Mémoire.

Le plus anciennement décrit par des naturalistes méthodiques, est le *sirena lacertina*, si commun dans les rivières et les marais de la Caroline méridionale, où l'on dit qu'il se nourrit de serpens. Il se distingue éminemment des deux autres, parce qu'il n'a que les deux pieds de devant.

Le D[r]. Garden en envoya en 1765, au grand Linnæus, un individu, accompagné d'une description anatomique, où il fit connoître surtout l'existence simultanée des branchies et des poumons, et déclara qu'il n'y a dans toute la Caroline aucune *salamandre* assez grande pour pouvoir être provenue de la *sirène.*

Linnæus, d'après ces notions, se détermina, quoiqu'en hésitant, à faire de la *sirène* un ordre particulier de reptiles, sous le nom d'*Amphibia meantes.*

Ses raisons, pour ne pas la croire un têtard de salamandre, furent, 1°. l'absence totale des pieds de derrière; 2°. les ongles qu'il croyoit voir aux doigts, et qui manquent aux salamandres même adultes; 3°. les poumons joints aux branchies; 4°. la voix; 5°. le nombre de quatre doigts, et non pas de cinq qu'il croyoit général dans son genre *lacerta;* 6°. les dents. Mais de toutes ces raisons, il n'y avoit que la première qui fût réellement bonne; car la seconde étoit fausse, et les autres ne prouvent rien, comme nous le verrons.

A peu près à la même époque, Ellis décrivoit cet animal dans les *Transactions philosophiques*, et adoptoit une opinion semblable à celle de Linnæus, sans en exposer les motifs avec autant de détails : une bonne anatomie faite par le célèbre John Hunter, accompagnoit sa description.

Cependant, Garden, Ellis et Linnæus, ne parvinrent pas à persuader tous les naturalistes; Pallas ne trouva point que l'impossibilité d'une métamorphose fût assez démontrée par l'absence des pieds de derrière [1].

Herrmann nia même que la grandeur fût une preuve suffisante, parce que, dit-il, les larves de la *rana paradoxa* et du *bufo scorodosma* sont aussi plus grandes que les individus parfaits [2]. Il ne faisoit pas attention que c'est la queue et l'enveloppe qui donnent à ces larves cette grandeur apparente, mais que le corps proprement dit ne diminue point en se dépouillant, que les pates en particulier ne diminuent jamais : néanmoins, son opinion a été adoptée par Schneider [3] et par plusieurs autres habiles naturalistes.

Mais en 1785, dix-huit ans après la première découverte, Camper, se trouvant à Londres, examina l'une des *sirènes* du Muséum britannique; l'échantillon étoit en mauvais état; ce grand naturaliste ne put y reconnoître de poumon ; il avança donc une opinion toute nouvelle, et, sans égard à la forme des pates, il déclara cet animal un *poisson* [4], et Gmelin, sur sa parole, le rangea parmi les *anguilles*.

Cette idée de Camper étoit bien extraordinaire. Garden, qui avoit cru voir des poumons dans les coffres où il n'y en a certainement point, pouvoit, à la vérité, paroître un anatomiste suspect; mais John Hunter n'étoit pas du même ordre.

Ce que Camper ajoute, qu'il seroit absurde d'admettre la

---

[1] *Nov. Comm. Petrop. Tom. XIX.* 438.

[2] *Tab. affin. anim., pag.* 256.

[3] *Hist. amph., Fasc. I, p.* 48.

[4] Opusc. de Camper, éd. allem., T. III, P. I, p. 20; éd. franç., T. II, p. 492. Tiré du journal holl. intitulé *Correspondance patriotique*, année 1786.

co-existence de poumons et de branchies, et que dans la grenouille les branchies se détruisent sitôt que les poumons agissent, est manifestement faux; car les têtards ont long-temps ensemble ces deux organes également développés.

Camper, dans un autre écrit[1], répète la même opinion, et l'étaie encore d'un argument nouveau, qui n'est pas meilleur que les autres; c'est que la sirène a des côtes, et que la salamandre n'en a pas : elles en ont l'une et l'autre de semblables pour la forme et la grandeur, quoiqu'en nombre différent.

Je n'eus donc pas de peine à réfuter, en 1800, l'opinion de Camper, non-seulement en retrouvant dans une jeune *sirène*, apportée de la Caroline par M. de Beauvois, la même qu'il a décrite en abrégé dans les *Transactions de Philadelphie*, tome IV, les poumons et le larynx décrits par Garden et par Hunter, mais encore en montrant que l'ostéologie de l'extrémité antérieure est vraiment celle d'un *bras*, et non pas d'une *nageoire*[2]. D'après cette observation, MM. Daudin et Latreille replacèrent la *sirène* dans l'ordre des reptiles batraciens établi par M. Brongniard. Il étoit en effet évident que ce n'étoit pas un poisson; mais il restoit toujours à examiner, dans son organisation même, si ce n'étoit pas un *têtard*.

La plupart des raisons alléguées contre cette supposition par Linnæus, se trouvoient mal fondées; celle des ongles, qui eût pu être bonne par elle-même, étoit fausse, car la *sirène* n'a point d'ongles. Camper en avait aussi allégué qui lui

---

[1] Lettre à Bloch. Mémoires de la Société des nat. de Berlin, T. VII, p. 479.

[2] *Bulletin des Sciences*, par la Soc. phil., n°. 38, Flor. an 8, p. 106.

étoient propres, et n'en étoient pas meilleures. Si c'étoit un têtard, dit-il, elle n'auroit qu'un trou au côté gauche pour l'issue de l'eau. Cela est bien ainsi dans quelques têtards de grenouilles, mais non dans ceux de salamandres, comme nous l'avons vu. Il ne restoit donc que l'absence des pieds de derrière et la grandeur.

Or, non-seulement il n'étoit pas rigoureusement démontré que l'ordre du développement des pieds dût toujours être le même, mais on avoit déjà un exemple du contraire. A la vérité, les têtards de grenouilles montrent d'abord ceux de derrière; mais les têtards des salamandres ordinaires naissent avec ceux de devant seulement.

Quant à la grandeur, la salamandre découverte dans les monts Alléghanys par M. Michaux, approchoit si fort de la taille où parvient la *sirène;* elle lui ressembloit tellement par la tête, les dents, la proportion de la longueur du corps à celle de la queue, la position des yeux, la forme des pieds de devant, enfin par une cicatrice au côté du cou, précisément à l'endroit où la sirène a ses branchies, que si cette salamandre ne pouvoit passer pour l'état adulte de la *sirène*, elle donnoit du moins de grandes probabilités sur la possibilité que la *sirène* parvînt à un tel état.

L'existence des organes de la génération que j'ai trouvés dans la *sirène*, ne prouve rien non plus, puisqu'ils existent également dans tous les têtards.

L'*ostéologie* étoit donc la seule partie de l'organisation qui pût donner quelque résultat décisif, et je crois qu'elle l'a donné en effet, comme on va le voir par sa description.

DESCRIPTION DE LA SIRÈNE.

1°. *Extérieur.*

L'individu que j'ai observé, et qui est déposé au Muséum d'histoire naturelle, a précisément un demi-mètre, ou 0,50 de longueur; mais ce n'est pas là toute la taille à laquelle son espèce peut atteindre. Le plus grand de ceux qu'Ellis a décrits, avoit encore plus de moitié de cette longueur en sus, étant long de 31 pouces anglois ou 0,794. Son corps ressemble assez à celui d'une anguille; arrondi ou très-légèrement comprimé sur le devant, il s'aplatit latéralement et se rétrécit verticalement en arrière, pour finir par une queue pointue et comprimée.

L'anus est à quinze centimètres de l'extrémité postérieure.

Le diamètre vertical de la queue est augmenté par deux nageoires membraneuses, sans rayons; l'inférieure s'étend jusqu'à l'anus; l'autre se porte un peu plus avant : en arrière, elles se réunissent en pointe pour entourer l'extrémité postérieure de la queue.

Les côtés du corps sont marqués de sillons verticaux, distans de quelques millimètres, et qui répondent aux inscriptions tendineuses des muscles.

La tête n'est point séparée par un col; elle est arrondie, et se termine par un museau mousse. La bouche est assez petite, et la lèvre supérieure avance, mais très-peu, sur l'inférieure : ni l'une ni l'autre n'est très-charnue, ni soutenue par des os particuliers, comme il arrive quelquefois dans les poissons. Les narines sont deux petits trous percés près du bord de la lèvre supérieure, un peu plus près de l'angle que du milieu. Les yeux sont placés au dessus de l'angle de la bouche, à six millimètres de distance et à quinze l'un de l'autre; ils sont petits, ronds, sans aucune paupière, et visibles seulement parce que la peau devient transparente en passant sur eux. On peut écorcher la sirène comme l'anguille, sans intéresser le globe.

Il n'y a point d'apparence d'oreille extérieure.

Les trous des ouïes sont trois fentes verticales placées l'une derrière l'autre : la première est à trente-cinq millimètres du bout du museau. Ces fentes donnent issue à l'eau de la bouche; mais il n'y a point de branchies en dedans, comme il y en a par exemple dans les *lamproies,* quoique Garden, Ellis et Camper y en aient supposé. Les seules branchies existantes sont les trois houppes ou franges attachées à l'angle supérieur des fentes, auxquelles Ellis et Garden ont donné le titre d'*opercules*, mais que Linnæus a réellement prises pour ce qu'elles sont. Il n'y en a bien sûrement que trois de chaque côté, dont la première est la plus petite, et la troisième la plus grande. Les différences des auteurs sur le nombre des branchies qui ont embarrassé M. Schneider, viennent de ce que l'on a appliqué ce nom de branchies à deux organes différens. Ainsi Linnæus, qui reconnoît avec raison les houppes pour des branchies, en compte trois sans opercules (*branchia ad latera colli utrinque 3 exserta*), et Garden, qui croit les branchies adhérentes aux arceaux, en met quatre, avec trois opercules, ou un opercule à trois lobes. Chacune de ces houppes consiste en un gros pédicule charnu et conique, dont le bord inférieur se divise en deux rangées d'appendices, divisées elles-mêmes encore deux fois de la même manière. On peut comparer ces houppes, pour la figure, à quelques-unes de ces feuilles que les naturalistes nomment *tripinnatifides*. La plus grande des trois a environ deux centimètres de long; mais je présume qu'elle s'étend davantage dans l'état de vie. L'animal doit pouvoir les remuer dans tous les sens. C'est sur leurs différentes ramifications que s'épanouit le rézeau des vaisseaux branchiaux.

Un centimètre et demi derrière les ouvertures branchiales, viennent les bras; ils sont attachés aux côtés du corps, un peu plus près du ventre que du dos. Grêles, à peu près d'égale venue, leur coude est bien dégagé; ils sont longs de trois centimètres. La main se divise en quatre doigts bien distincts, et sans membranes intermédiaires. Je ne conçois pas comment Camper a pu dire qu'il n'y a point de doigts isolés. C'est le pouce qui manque; le dernier doigt est le plus petit, le deuxième le plus long : celui-ci n'a cependant que cinq millimètres.

On ne peut pas dire que la sirène ait des ongles; mais les dernières phalanges sont pointues, et comme il n'y a point de chair dessus, la peau s'y colle intimement. C'est cette pointe osseuse, recouverte d'une peau sèche, qu'on a prise pour un ongle; mais il n'y a pas d'enveloppe cornée.

Il n'y a pas non plus la moindre apparence d'écailles sur la peau, quoique quelques naturalistes aient dit le contraire; mais elle offre par-tout de très-petits points enfoncés et d'autres un peu élevés, qui sont tous à peine visibles sans loupe.

Sa teinte générale est un brun noirâtre, avec une multitude de petits points blanchâtres. Je n'ai pu voir les lignes latérales dont parlent Garden et Ellis; mais il est possible que l'esprit-de-vin les ait altérées.

2°. *Ostéologie.*

Quoique la *sirène* dont nous venons de parler n'eût pas atteint toute la grandeur propre à son espèce, son ossification étoit déjà fort avancée; elle avoit le crâne, la mâchoire inférieure et les vertèbres parfaitement ossifiées; il y avoit encore des épiphyses aux grands os des bras, et l'omoplate étoit presque toute cartilagineuse; mais cette dernière partie reste dans cet état à tout âge dans les *salamandres.* Il est donc probable que l'individu que j'ai examiné approchoit de l'état adulte. Néanmoins, les arceaux qui portent les branchies étoient entièrement cartilagineux, et paroissoient devoir le rester; car on n'y remarquoit encore aucun point d'ossification, quoique l'os hyoïde et ses branches fussent déjà presqu'entièrement durcis.

Il y a, depuis la tête jusqu'à l'extrémité de la queue, quatre-vingt-dix vertèbres. L'anus est vis-à-vis de la quarante-cinquième, et cependant il s'en faut bien qu'il soit au milieu de la longueur du corps, parce que les vertèbres de la queue sont beaucoup plus petites que les autres, surtout les dernières. La *salamandre terrestre* en a trente-huit, et l'*aquatique* à peu près quarante. Le bassin est suspendu tantôt à la quinzième, tantôt à la seizième dans la terrestre, et à la quatorzième ou à la quinzième dans l'aquatique. Il n'y a pas le moindre vestige de bassin ni de pied de derrière dans la *sirène;* il n'y en a non plus aucun germe, tandis que les têtards de grenouilles en montrent à tout âge. Ainsi, bien certainement, elle ne doit point prendre de pieds de derrière; il y a une espèce de bassin incomplet même dans l'*ophisaure*, vrai serpent, quoique analogue aux lézards en quelques points, mais qui n'a jamais de pieds.

Huit seulement des vertèbres de la *sirène,* depuis la seconde jusqu'à la neuvième, portent de petites côtes, ou plutôt fausses côtes très-courtes.

Dans la *salamandre terrestre*, il y en a douze ou treize; dans l'*aquatique,* onze.

Cette espèce de petites côtes qui se perdent dans les chairs, ne se retrouvent que dans le genre de serpens nommés *cécilies;* mais elles y sont en très-grand nombre.

Ces vertèbres, considérées isolément, offrent des formes très-différentes de celles des *salamandres*, des *grenouilles* et des *cécilies*.

Le corps est terminé en avant et en arrière par un cône creux rempli d'un cartilage, qui l'unit aux deux vertèbres voisines, comme dans les poissons.

En dessous est une petite arête longitudinale; en dessus, une crête qui tient lieu d'apophyse épineuse et se bifurque en arrière. Aux quatre angles de la face supérieure sont les apophyses articulaires.

Les facettes des antérieures regardent en haut; celles des postérieures en bas.

Les apophyses transverses sont formées de deux lames triangulaires : l'une, intérieure et horizontale, part de tout le côté du corps de la vertèbre; l'autre, inclinée, part de l'apophyse articulaire antérieure, et descend en arrière pour se joindre à la précédente par son bord postérieur. C'est à l'extrémité de la ligne de leur réunion qu'est la facette pour porter le rudiment de côte dans les vertèbres qui en ont: dans les autres, cette extrémité est une simple pointe.

Aucun des genres voisins ne ressemble à la *sirène* par ses vertèbres, et leur forme singulière suffiroit seule pour constater que cet animal est d'un genre à part. Sa tête ne le montre pas moins. Ses formes sont toutes différentes de celles de la *salamandre,* et même des autres reptiles; les narines, simplement creusées sur les côtés du museau, ne pénètrent point dans la bouche : ni l'orbite, ni la fosse temporale ne sont fermées par le bas. Il en résulte que la mâchoire supérieure n'a point un tour osseux complet; sa partie antérieure seulement est formée par les os intermaxillaires, et n'a point de dents. Ainsi, la *sirène* n'a que des dents palatines attachées sur deux plaques, et non implantées dans le palais. La proéminence qui se termine par la facette pour l'articulation de la mâchoire inférieure, est beaucoup plus courte que dans la salamandre. La mâchoire inférieure lui présente une facette convexe en segment de sphère; son apophyse coronoïde est très-courte : chacune de ses branches se compose au moins de trois pièces. Les dents sont attachées à leur face interne, et non implantées sur leurs bords. L'articulation de la tête avec le cou se fait par deux condyles.

L'appareil osseux des branchies ressemble beaucoup à ce qu'on voit dans les poissons, à de légères différences près.

Une pièce osseuse longitudinale porte à chacune de ses

extrémités une paire de pièces transversales. Les antérieures se joignent chacune à un cartilage qui remonte jusque derrière la tête, suspendu par un fort ligament aux côtés de l'occiput; c'est l'analogue de la pièce osseuse qui dans les poissons porte les rayons de la membrane branchiostège; mais ici cette pièce ne porte aucun rayon : il n'y a même entr'elle et le premier arceau des branchies aucune solution de continuité.

Ce premier arceau, le plus grand des quatre, est joint avec la pièce transversale postérieure mentionnée ci-dessus.

Les trois autres se joignent à une troisième pièce osseuse, semblable à la précédente, mais suspendue derrière elle, et qui ne s'articule point à la pièce longitudinale.

Ces quatre arceaux sont simplement cartilagineux. Leur extrémité supérieure est suspendue à la seconde côte par un ligament, mais ne s'y articule point.

Leurs bords sont armés de petites dentelures fines, pour garnir les trois ouvertures des ouïes; ainsi, le bord antérieur du premier arceau et le postérieur du dernier n'en avoient pas besoin et n'en ont pas en effet. La peau s'attache immédiatement sur ces arceaux, et ils ne portent, comme je l'ai déjà dit, rien qui ressemble aux branchies des poissons. Les seules branchies sont les houppes, lesquelles n'ont aucun os dans leur intérieur.

L'ostéologie des pieds est la même que dans la salamandre; une omoplate grêle, terminée vers le haut par une dilatation cartilagineuse; une large plaque de cette dernière nature, que l'on peut considérer comme une double clavicule, analogue à celle de la grenouille, et dont l'usage est de garantir le devant de la poitrine; un humérus; deux os de l'avant-bras;

un carpe dont je n'ai pu bien compter les os, à cause de leur petitesse et de leur mollesse; un métacarpe et des phalanges comme à l'ordinaire.

3°. *Les organes des sens.*

Je n'ai pu en observer un peu exactement que l'oreille: elle m'a paru ressembler à celle de la salamandre, et je dois relever ici une légère erreur de mon anatomie comparée. J'y dis, tome II, pag. 478, que la salamandre a son labyrinthe entièrement enfermé par les os. Le fait est qu'elle a, dans la paroi extérieure de l'oreille, une ouverture ovale, fermée seulement par une plaque cartilagineuse recouverte par les chairs et par la peau. La même chose a lieu dans la *sirène*, et à peu près au même endroit.

4°. *Les organes de la circulation et de la respiration.*

Je ne conçois pas comment Garden a pu dire que le cœur n'a point d'oreillette; il en a, au contraire, une très-grande, toute dentelée dans son pourtour, et qui reçoit tout le sang du corps et du poumon; deux grandes valvules sont à l'embouchure de la veine cave. Cette oreillette unique ne donne que par un seul orifice dans le ventricule, et le sang ne sort de celui-ci que par la seule aorte.

C'est donc un vrai cœur de *batracien* tout semblable à ceux des grenouilles, des salamandres et des poissons.

Le tronc de l'aorte, ou plutôt de ce que dans les poissons on nomme l'artère branchiale, est muni de parois charnues et fort épaisses; trois fortes valvules en garnissent la base; il se divise de chaque côté en trois branches pour les trois houppes branchiales, et aucun rameau n'en sort pour d'autres parties. Ces branches artérielles se collent à trois des arceaux cartilagineux pour se rendre à leur destination; mais elles n'y forment aucun plexus, ce qui prouve bien que les branchies ne sont point attachées à ces arceaux, comme cela a lieu dans les poissons, et comme Garden, Ellis et Camper l'avoient aussi cru pour la *sirène*.

Je n'ai pas besoin de dire que les artères arrivées aux houppes, se ramifient sur toutes leurs subdivisions, et que les veines reviennent dans une direction contraire, mais en formant un plexus semblable. C'est ce que tout le monde peut voir sur les houppes branchiales des jeunes salamandres aquatiques, qui sont peut-être, de tous les organes des animaux, celui où il est le plus aisé d'observer la circulation à l'aide du microscope. J'ai joui plusieurs fois de ce spectacle avec le plus grand plaisir.

Une fois sorties des houppes, les veines branchiales prennent le tissu artériel, et vont se réunir vers l'épine du dos pour former l'aorte descendante; mais elles donnent, avant leur réunion, les branches qui appartiennent dans les autres animaux à l'aorte ascendante, et notamment les carotides, les artères des bras et celles du poumon : celles-ci sortent en particulier de la troisième de ces veines branchiales devenues artérielles.

Les poumons sont deux longs sacs cylindriques, qui s'étendent jusqu'à l'extrémité postérieure de l'abdomen, et se replient même alors en avant. Les veines et les artères forment un rézeau lâche sur leur membrane; l'air y pénètre par un larynx placé sur l'os hyoïde, et qui s'ouvre entre deux petites lèvres arrondies posées verticalement. Dans son intérieur se voit de chaque côté une très-légère saillie cartilagineuse, et entre deux est la glotte; mais il n'y a point de ruban vocal en forme de lame tranchante, ce qui n'empêche pas que la sirène ne puisse avoir une voix, comme les observateurs le rapportent; car le rapprochement des deux saillies que je viens d'indiquer doit suffire pour cela.

Je n'ai pu apercevoir aucun anneau cartilagineux à la trachée artère; elle m'a paru consister dans un simple canal membraneux, blanc et assez épais.

5°. *Les organes de la digestion.*

Nous avons déjà parlé des mâchoires et des dents. La langue est peu charnue, peu mobile, et soutenue, comme dans les poissons, par l'extrémité antérieure de l'os hyoïde; elle ne ressemble point à celle de la *salamandre*, et encore moins à celle de la *grenouille*, qui sont toutes les deux beaucoup plus libres en arrière qu'en avant, et dont la surface est extrêmement glanduleuse.

L'*œsophage* est plissé longitudinalement. L'*estomac* a des parois médiocrement épaisses; il se renfle d'abord un peu, puis il devient charnu, et se rétrécit plus que le commencement du *duodenum*. Cette partie de l'intestin est la plus large; il se rétrécit ensuite jusque vers l'anus. Quoique plus long que l'abdomen, et faisant par conséquent plusieurs festons, il ne se recourbe pas en grands replis; on n'y voit point de cœcum, ni de changement remarquable de structure qui puisse faire distinguer plusieurs sortes d'intestins. Le pylore n'a point de valvule; la veloutée de l'estomac est assez lisse : celle des intestins offre des papilles en forme de petites écailles.

Le canal est soutenu par deux *mésentères* parallèles, dont celui du côté droit adhère à toute la longueur du foie. Il n'y a point d'*épiploon*.

Le *foie* est noir, alongé, et occupe plus des trois quarts de la longueur de l'abdomen; vers son milieu est une forte échancrure où se loge la vésicule du fiel : elle ne donne qu'un seul canal qui débouche dans l'intestin un peu au dessous du pylore. Je n'ai pu apercevoir de canal qui vînt immédiatement du foie, mais je pourrois en avoir confondu quelqu'un avec les nombreux vaisseaux mésentériques.

Une *rate* mince et très-longue est attachée au mésentère du côté gauche, et occupe plus des trois quarts de la longueur de l'abdomen.

6°. *Les organes de la génération.*

La grande *sirène* de notre Muséum est femelle; ses ovaires sont très-développés, occupant environ le quart de la longueur de l'abdomen, oblongs, lobés, remplis d'œufs très-visibles, quoiqu'on puisse juger, à leur état flasque, qu'ils n'ont pas, à beaucoup près, la turgescence qu'auroit amenée l'époque de l'amour. L'oviductus est court, droit, et marche collé au rein. Il n'y a rien qui ressemble à ces longs oviductus tortueux des *grenouilles* et des *salamandres :* ainsi, la *sirène* se rapproche à cet égard des poissons.

L'individu que m'avoit communiqué M. de Beauvois ne m'a offert aucune trace d'organes de la génération. Comme il n'avoit guère que 0,22 de longueur, on peut croire qu'il étoit mâle, mais trop jeune pour que ses testicules fussent bien développés; car je crois que ses ovaires, s'il eût été femelle, auroient déjà dû être visibles.

7°. *Organes des sécrétions.*

On ne peut parler ici que des reins; ils occupent le fond de l'abdomen des deux côtés du rectum. Leur volume est peu considérable, et ils reçoivent à proportion beaucoup de vaisseaux sanguins.

La vessie est alongée, et ne se divise pas comme dans les grenouilles.

De cette description et de ces diverses comparaisons, je pense que l'on est en droit de conclure :

1°. Que la *sirène*, quels que soient les états où elle pourroit encore arriver, est un animal distinct assez différent, par tous les détails de son organisation, des salamandres et des larves de salamandres que nous connoissons.

2°. Que bien sûrement elle ne doit point prendre de pieds de derrière, et restera, par conséquent, un reptile bipède.

3°. Que rien n'annonce même qu'elle doive perdre ses branchies, puisqu'elle les conserve intactes jusqu'à la plus grande taille qu'elle puisse atteindre, et que le témoignage unanime de ceux qui l'ont observée dans son pays natal, porte, qu'on n'en a jamais vu d'individu qui en fût dépourvu.

4°. Que cependant elle est essentiellement différente des poissons par sa structure ostéologique et par l'organisation même de ses branchies.

5°. Qu'ainsi on doit réellement en faire un genre particulier de *batraciens*, qui conserve toujours ses doubles organes de respiration, et que l'on pourroit la considérer comme une larve permanente de cette famille.

IV. *Recherches sur l'Axolotl.*

Le second des animaux, dont nous avons à parler, et celui qui fait l'objet principal de notre travail, quoique très-anciennement indiqué par les auteurs des premières relations du Mexique, n'a été décrit méthodiquement que dans ces dernières années.

Hernandez paroît en avoir parlé en deux endroits, une fois sous le nom de *têtard mangeable* (*gyrinus edulis*) ou *atolocatl*[1], et une autre fois sous celui de *lusus aquarum*, *piscis ludicrus* ou *axolotl*[2].

Il en donne, sous ce dernier nom, une description assez bonne pour le temps où elle fut faite; ces mots même, *vul-*

---

[1] *Hist. anim. et miner. Nov. Hisp., Lib. unic., Tract. V, Cap. IV, p.* 77. Ce livre est placé à la suite de l'abrégé de *Recchi.*

[2] *Ib. Cap. II, p.* 76, et dans le grand abrégé fait par *Recchi*, de tout l'ouvrage d'*Hernandez, Lib. IX, Cap. IV, p.* 316.

vam habet muliebri simillimam, sont vrais, avec cette restriction que c'est de l'anus de l'*axolotl* qu'il faut les entendre : il auroit dû dire, *anum habet vulvæ muliebri simillimum.* C'est un caractère général des *salamandres*.

Cette ressemblance extérieure, et peut-être la couleur rougeâtre des excrémens, est ce qui aura fait dire à ceux dont Hernandez recevoit ses renseignemens, que l'*axolotl* est sujet à des écoulemens périodiques.

Hernandez ajoute, et cela est plus vraisemblable, que la chair de l'*axolotl* est agréable et salubre, qu'elle ressemble pour le goût à celle de l'anguille, et qu'elle passe pour aphrodisiaque, comme celle du *scinque*.

Mais à ces notes plus ou moins exactes, extraites par Recchi des manuscrits d'Hernandez, les éditeurs de l'un et de l'autre joignirent une figure trouvée dans les papiers de Recchi, et qui est d'un tout autre animal : c'est un lézard assez grossièrement dessiné, avec une crête de petites épines dorsales, comme une *iguane*, et une queue verticillée et épineuse, comme un *stellion*.

La description d'Hernandez fut copiée par Nieremberg [1], et celle de Nieremberg par Jonston [2].

Long-temps auparavant, François Ximenès [3] l'avoit traduite en espagnol, mais en y ajoutant une faute, celle de donner *quatre doigts* à tous les pieds.

Au lieu de *quatre pieds terminés par des doigts semblables*

---

[1] *Hist. nat. peregr.*, *Lib. XI*, *Cap. XLV et Cap. XIII.*
[2] *De piscib.*, *Lib. IV*, *Tit. III*, *Cap. III.*
[3] *De la naturaleza y virtudes de las plantas*, *etc. Mexico* 1615. *fol.* 180.

à ceux de la grenouille (*quaternis natat pedibus, in digitos persimiles illis ranarum desinentibus*), il mit *des pieds divisés en quatre doigts, comme ceux de la grenouille.* Laët traduisit Ximenès, et l'*Histoire des Voyages* [1] copia Laët; mais ils ajoutèrent encore une seconde faute : ils rendirent le mot espagnol *madre* (*vulva*) par celui de *matrice* ou d'*uterus.*

Nos naturalistes modernes ne paroissent avoir connu que l'article ainsi doublement défiguré de l'Histoire des Voyages: les uns l'ont rapporté à la salamandre aquatique vulgaire ou à quelque têtard de grenouille [2], les autres à quelque salamandre inconnue [3], et tous ont été frappés de l'absurdité apparente de cette description, laquelle ne venoit que des fautes des deux traducteurs [4].

Cependant, M. Shaw décrivoit un individu envoyé immédiatement de *Mexico* au Muséum britannique, et en donnoit deux bonnes figures [5]. Il remarquoit aussi que la *sirène operculée* décrite par M. de Beauvois [6], et l'animal du lac *Champlain* observé par Schneider dans la collection de M. Hellwig à Brunswick [7], devoient différer fort peu du sien; mais il ne s'étoit point aperçu de l'identité de celui-ci avec l'*axolotl* des Mexicains et des premiers Espagnols.

---

[1] Histoire générale des Voyages, Tome XII in-4°., p. 644.

[2] *Lacépède*, Quadr. ovip., Tome II in-12., p. 235.

[3] *Daudin*, Hist. des Rept., Tome VIII, p. 237.

[4] Nouv. Dictionn. d'hist. nat., art. *Axolotl.*

[5] *Naturalist's Miscellany*, *N°.* 343 (*Gyrinus Mexicanus*), *et general Zoology*, *Vol. III, part. II, p.* 612, *et pl.* 140. (*Siren pisciformis.*)

[6] Transact. de la Société philos. de Philadelphie, Tome IV.

[7] *Hist. amphib. nat. et litter., Fascic. I, p.* 50.

C'est à M. de Humboldt que nous devons cette connoissance; il nous a appris que c'est là le nom sous lequel on le désigne encore dans son pays natal.

Cet illustre physicien ayant bien voulu me faire présent de deux échantillons qu'il a rapportés, m'engagea à les décrire, et me promit d'insérer ma description dans le beau recueil des observations zoologiques qu'il a faites pendant ses voyages. C'est pour rendre mon travail plus digne de cette honorable association, que j'ai cherché à étendre mes remarques sur tous les reptiles douteux, et que j'ai fait les autres observations qui remplissent ce Mémoire.

DESCRIPTION DE L'AXOLOTL.

1°. *Extérieur.*

Les *axolotls* que j'ai reçus de M. de Humboldt étoient d'un brun foncé, parsemés à peu près également de taches noirâtres, nombreuses et arrondies. En y regardant de près, on voit sur le fond brun une infinité de très-petits points blanchâtres. Ces deux individus étoient longs de 0,15 à 0,16: c'est à peu près la taille de la *salamandre terrestre* d'Europe. Leur largeur est un peu plus considérable à proportion que dans toutes nos espèces d'Europe; leur queue est comprimée, comme dans nos salamandres aquatiques, et relevée en dessus et en dessous d'une crête mince. La crête supérieure se continue sur le dos jusqu'entre les épaules, mais elle y est fort basse. La tête est aussi un peu plus large, plus plate et le museau plus arrondi que dans notre salamandre aquatique, et l'œil plus petit et plus rond. Les doigts se terminent, comme ceux de la sirène, par des phalanges plus pointues, mais aussi sans ongles. Mais ces différences peu importantes sont les seules, et personne n'hésiteroit à faire de l'axolotl une salamandre, sans ses *houppes de larve.*

Celles-ci même sont dans le plus grand rapport avec celles des *larves* de *salamandre.*

Les ouvertures qui communiquent dans la bouche, sont au nombre de quatre, et beaucoup plus vastes que dans la *sirène.* Un repli de la peau de la tête forme une espèce d'opercule qui les recouvre toutes les quatre.

Il y a quatre *arceaux* comme dans les poissons, ce qui supposeroit cinq ouvertures; mais le quatrième est collé immédiatement au tronc. Les deux arceaux intermédiaires ont, du côté de la bouche, deux rangs de dentelures pointues; mais le premier et le quatrième n'en ont chacun qu'un seul rang. Il n'y a aucune de ces dentelures contre l'opercule; de façon que la première des quatre ouvertures n'est dentelée d'aucun côté. Les quatre arceaux portent en dehors chacun une crête membraneuse tranchante bien propre à faire illusion, et que l'on est d'abord tenté de prendre pour une branchie de poisson; mais il n'y a aucun rézeau vasculaire pour la respiration, et les troncs artériels suivent, sans se diviser, les trois premiers arceaux pour se rendre aux houppes, qui sont les seules vraies branchies.

Il y a trois de ces houppes de chaque côté, attachées aux trois premiers arceaux, à l'endroit où la peau les joint ensemble : l'opercule et le quatrième arceau n'en portent aucune.

Ces houppes sont beaucoup plus rameuses que celles de la *sirène;* mais leurs ramifications ressemblent à une espèce de chevelu, et ne sont pas distribuées avec une régularité aussi frappante.

2°. *Ostéologie.*

La tête osseuse est la même que dans les salamandres, excepté que le crâne est un peu plus large. Les dents sont placées de même sur les bords des deux mâchoires : il y en a de plus deux plaques immédiatement derrière le bord de la supérieure; mais je n'ai point vu les deux séries longitudinales qui s'observent le long du palais de nos salamandres. La tête s'articule avec l'atlas par deux condyles, comme dans la sirène et dans les salamandres.

L'appareil qui supporte les branchies a de grands rapports avec celui de la sirène, et je crois que, lors de la métamorphose, il en reste une partie pour former l'os hyoïde de la salamandre.

La pièce intermédiaire est cylindrique, courte, et se termine en arrière en une queue fourchue par le bout. Son extrémité antérieure porte deux cartilages qui vont suspendre leur bout à l'angle de la mâchoire, et répondent aux branches hyoïdes des poissons : ils sont immédiatement sous l'opercule membraneux. De l'extrémité postérieure de cette pièce intermédiaire partent deux autres branches de chaque côté, une large qui porte le premier arceau, une autre plus grêle qui se trifurque pour porter les trois autres.

Les quatre arceaux des branchies sont suspendus, par leur bout extérieur, à la première vertèbre.

Depuis la tête jusqu'au bassin, il y a dix-sept vertèbres; depuis le bassin jusqu'à l'extrémité de la queue, vingt-trois. Les unes et les autres ont des apophyses épineuses plus longues que dans les salamandres; celles de la queue en ont en dessus et en dessous, ce qui donne au squelette de cette partie plus de hauteur verticale que dans nos salamandres aquatiques.

Il y a de chaque côté treize petites côtes semblables à celles des salamandres.

Toute l'ostéologie des quatre membres est semblable à celle des salamandres, excepté la forme plus pointue des dernières phalanges, qui les a fait prendre pour des ongles.

Mais, dans les deux individus que j'ai observés, toutes ces parties étoient encore très-cartilagineuses, et annonçoient un très-jeune âge : les apophyses épineuses n'étoient presque pas ossifiées, et les épiphyses des membres étoient plus cartilagineuses que dans nos salamandres communes adultes.

3°. *Organes des sens.*

L'œil est plus petit à proportion que dans nos salamandres communes, mais pas plus que dans celle des monts Alléghanys rapportée par Michaux.

L'oreille est la même que dans tout le genre.

4°. *Organes de la circulation.*

La veine cave rassemble les veines de la tête, celles qui ont nourri les branchies et leurs arceaux, celles qui rapportent le sang qui a respiré dans le poumon, celles des bras; enfin, toute la veine cave inférieure qui lui arrive en traversant le foie, et qui a reçu, comme à l'ordinaire, le sang de la veine porte. Elle entre dans l'oreillette du cœur, qui est fort grosse et unique, et celle-ci dans le ventricule, unique aussi, d'où part une grosse artère charnue, absolument comme dans les poissons, la sirène et les larves de batraciens. Elle donne, pour les branchies, trois artères de chaque côté, qui s'y rendent, comme nous l'avons dit, en suivant les trois premiers arceaux. Les veines branchiales se réunissent très-promptement en arrière, et forment, sous le derrière de la tête, un tronc unique qui suit la direction de l'épine et nourrit tout le corps.

C'est donc entièrement la circulation des larves de batraciens. L'*axolotl* étant même plus grand qu'aucune des larves de notre pays, peut servir commodément à la démonstration de cette espèce particulière de circulation.

5°. *Organes de la respiration.*

Les branchies de l'*axolotl* offrant aussi, dans des dimensions plus considérables, les mêmes mouvemens que celles des larves de salamandre, on en voit mieux le mécanisme, et on lira sans doute avec plaisir la description de leurs muscles que M. Duvernoy a disséqués sous mes yeux.

Les cartilages analogues aux branches hyoïdes ont chacun un muscle très-fort, qui descend de la base du crâne, le long de leur côté convexe, jusqu'à leur extrémité inférieure.

Ces muscles ont pour usage d'ouvrir les arcs branchiaux, en éloignant cette extrémité inférieure de la voûte du palais.

Les arcs des branchies sont rapprochés l'un de l'autre par un muscle, dont l'attache postérieure est à l'extrémité inférieure du dernier, qui s'avance sous celle des trois autres arcs, et leur envoie à chacun une languette.

Il a pour antagoniste un petit muscle fixé d'un côté à l'extrémité inférieure des branches hyoïdes, et qui se porte en arrière jusque sous le premier arc des branchies, auquel il s'attache vis-à-vis de la languette du précédent.

L'hyoïde est tiré en avant ou porté en arrière par deux genio-hyoïdiens et par autant de pubio-hyoïdiens, qui remplacent à la fois, comme dans les *salamandres*, les sterno-hyoïdiens et les droits du bas-ventre : il est soulevé par un muscle semblable au mylo-hyoïdien de ces mêmes animaux.

Enfin, les trois panaches eux-mêmes sont abaissés ou relevés par autant de paires de muscles, qui s'attachent supérieurement et inférieurement à la convexité des arcs des branchies, et dont les autres points fixes sont à la base de ces panaches.

Les poumons sont deux longs sacs, à la face interne desquels les vaisseaux sanguins forment un rézeau à mailles lâches, mais assez saillantes. Il n'y a point de cellules. Ils donnent dans un canal commun, membraneux, opaque, assez large, qui tient lieu de trachée-artère, mais qui n'a point d'anneaux cartilagineux, et qui se rétrécit pour former un petit larynx à deux lèvres membraneuses. La glotte est petite, formée par deux avances membraneuses, derrière chacune desquelles est un petit creux ou ventricule, et qui doivent produire une voix un peu plus forte que celle de la *sirène*.

6°. *Organes de la digestion.*

La langue est peu mobile, libre en avant et non pas en arrière, et soutenue par l'extrémité antérieure de l'os hyoïde.

L'œsophage est court, plissé longitudinalement, et se continue avec l'estomac. Celui-ci est large, membraneux, et devient un peu charnu vers le pylore, où il se rétrécit beaucoup. Je l'ai trouvé rempli, dans les deux individus, de petites écrevisses d'eau douce fort semblables aux nôtres, et que l'animal avoit avalées sans les mâcher : il s'en trouvoit des membres encore entiers jusque dans le rectum.

Le canal intestinal est assez large, surtout dans sa partie postérieure, et médiocrement long; il fait deux principaux replis, et n'a ni cœcum, ni valvule intérieure. Le *foie* est rectangulaire, sans échancrures profondes : je n'y ai pu voir de vésicule. La *rate* est fort petite au centre du mésentère : celui-ci est simple comme à l'ordinaire.

Tous ces intestins sont pareils à ceux d'une salamandre.

7°. *Organes de la génération.*

Les ovaires, encore fort petits, flasques, et contenant à peine des œufs visibles, sont aux mêmes places et ont les mêmes appendices graisseux que dans les salamandres : les oviductus sont encore si frêles, qu'on a peine à les apercevoir.

De toutes ces marques de jeunesse, et de cette ressemblance intime de toutes les parties avec les salamandres et leurs larves, je conclus que l'*axolotl* des Mexicains, ou *siren piscifor-*

mis de Shaw, n'est vraisemblablement que la larve de quelque grande *salamandre;* peut-être même précisément de celle qu'a rapportée Michaux.

En effet, en examinant l'intérieur de la bouche de la salamandre, j'y ai trouvé précisément ces deux plaques chargées de dents qui caractérisent l'*axolotl.*

Je porte un jugement semblable sur le *siren operculata* de M. de Beauvois, si même il n'est pas exactement la même chose que l'*axolotl;* ce qui me paroît fort vraisemblable.

L'animal décrit par M. Schneider présenteroit un caractère un peu plus essentiel, si, comme le dit ce savant amphibiologiste, il n'avoit que quatre doigts aux pieds de derrière; mais je crains qu'il n'y ait eu quelque méprise à cet égard. Dans tous les cas, ce caractère ne seroit que spécifique, et n'empêcheroit point cet animal d'être aussi la larve de quelque salamandre.

On objectera, sans doute, qu'il est bien difficile qu'un appareil aussi compliqué que celui des branchies, de leurs arceaux et des muscles qui les meuvent, disparoisse sans qu'il en reste de trace; mais comme nos larves de salamandres éprouvent une révolution semblable, la singularité du phénomène n'empêche point qu'il ne soit possible. Je pense néanmoins que c'est un des sujets qui méritent le plus d'être observés avec suite par les naturalistes.

L'*axolotl* est commun dans le lac où est bâtie la ville de Mexico. M. de Humboldt rapporte que c'est un des animaux que l'on trouve le plus haut sur les montagnes et dans les eaux les plus froides. C'est un rapport de plus avec nos salamandres aquatiques, qui, au premier printemps, se trouvent souvent prises dans les glaçons, et y restent gelées pendant plusieurs jours sans en périr.

Il est assez singulier, comme l'a remarqué Dufay, que les animaux auxquels on attribuoit autrefois la propriété fabuleuse de résister aux flammes, aient réellement celle de résister à la gelée.

V. *Recherches sur le Protée.*

Laurenti, l'un des premiers naturalistes qui aient cherché à mettre un peu d'ordre dans la classe des reptiles, après avoir fait un genre, sous le nom de *triton*, de toutes les salamandres à queue plate ou aquatiques, en établit, sous le nom de *protée*, un autre où il rangea des batraciens qui, selon lui, conservoient à la fois des branchies et des poumons.

Il y mit, sous le nom de *proteus raninus*, le têtard de la jackie, que tout le monde savoit dès-lors n'être qu'une larve de grenouille; et sous celui de *proteus tritonius*, un animal qu'il soupçonnoit lui-même, et que l'on a depuis reconnu n'être que la larve d'une salamandre aquatique : sans doute il y eût aussi placé l'*axolotl*, s'il l'eût connu, et se fût exposé triplement au reproche de composer son genre avec des êtres encore imparfaits.

Ce reproche étant réellement fondé, par rapport à ses deux premières espèces, il étoit assez naturel qu'on l'étendît aussi à la dernière, je veux dire à son *proteus anguinus*, et c'est à quoi l'on n'a pas manqué.

Jean Hermann veut qu'on le raye, aussi bien que la *sirène*, du catalogue du règne animal [1]. M. Schneider est du même avis [2]. Linnæus même, à qui Scopoli avoit envoyé un échantillon du *protée*, le regarda comme la larve de quelque salamandre [3].

Mais ce n'étoit pas là une opinion facile à faire adopter par ceux qui ont observé ces sortes de larves, et ont vu combien elles ressemblent à leurs animaux parfaits.

Le *protée* a des formes si particulières, qu'on ne peut le comparer à aucune espèce connue, et les recherches les plus assidues dans les lacs d'où on l'a tiré, n'ont pu y faire découvrir aucun animal qui puisse paroître son état parfait.

La meilleure description que l'on en ait, est celle que M. Schreibers, directeur du Cabinet impérial de Vienne, a fait insérer dans les Transactions philosophiques pour 1801.

Elle est excellente à tous égards, et embrasse l'intérieur comme l'extérieur.

On y voit l'existence des yeux, celle des poumons et leur structure particulière; la forme de tous les organes de la digestion, des reins; quelques détails sur les ovaires et sur la circulation, et le tout est accompagné d'excellentes figures.

Après un semblable écrit, il n'étoit plus permis de ne pas accorder au *protée* un rang particulier dans la classe des reptiles.

Les naturalistes françois ont donc adopté le genre de Lau-

---

[1] *Tabul. affin. animal.*, *p.* 256, 257.

[2] *Hist. amphib. nat. et litter.*, *T. I*, *p.* 45 *et sq.*

[3] *Scopoli ann. historico-nat.*, *T. V*, *p.* 70.

renti, et l'ont placé dans l'ordre des *batraciens*, à la suite des *salamandres*.

M. Shaw seul fait du protée une *sirène*, et le laisse, avec la *sirène ordinaire*, parmi les reptiles douteux.

M. Schreibers ayant eu la bonté de m'envoyer récemment un *protée* bien conservé, j'ai eu le bonheur de pouvoir ajouter encore à sa description quelques détails intéressans, et surtout son *ostéologie*, qui ne me paroît plus laisser de doute que ce ne soit un animal parfait, qu'il est impossible de confondre avec aucun autre.

J'ai donc pensé que l'on verroit avec plaisir, dans ce Mémoire, un précis de mes observations.

DESCRIPTION DU PROTÉE.

1°. *Extérieur.*

L'individu que j'ai observé étoit long de 0,25 et gros comme le petit doigt. Il y en a de plus grands; car M. Schreibers en cite un de treize pouces anglois, ou 0,33. La tête a 0,03; les pieds de devant sont à 0,04 du bout du museau; ceux de derrière à 0,07 de l'extrémité de la queue: les uns et les autres ont 0,02 de longueur.

Le corps est légèrement comprimé et marqué de sillons sur les côtés, comme celui de la sirène. La queue, plus comprimée que le corps, est encore relevée en dessus et en dessous d'une nageoire adipeuse, qui en contourne le bout et le rend arrondi. En dessus, cette nageoire ne s'avance pas plus qu'en dessous, c'est-à-dire qu'elle se termine vis-à-vis de l'anus. Les pieds sont grêles; le coude et le genou sont au milieu de leur longueur, et dirigés comme dans les salamandres; ceux de devant se terminent par trois doigts égaux et sans ongles; ceux de derrière par deux seulement : combinaison unique jusqu'ici dans tout le règne animal.

La tête ne ressemble pas mal à celle d'une anguille; les muscles font paroître le crâne tombé en dessus et renflé à ses côtés; le museau est plat et obtus comme un bec d'oie; l'ouverture de la bouche médiocre, garnie de lèvres charnues, minces; les narines sont une fente longitudinale de chaque côté, parallèle au côté de la lèvre supérieure. On n'aperçoit point d'œil au dehors; mais quand on a écorché l'animal, on le voit sous la peau comme un point noirâtre, à peine large d'un trentième de ligne.

C'est dans l'enfoncement produit par les muscles sur les côtés du crâne, que sont les ouvertures des branchies. Il y en a trois, sur lesquelles une proéminence de la peau, soutenue d'une couche musculaire, forme une sorte d'opercule: les branchies sont trois petits panaches, tripennés, couleur de sang dans l'animal vivant.

La peau toute entière est blanchâtre, molle, lisse, et offrant à peine à la loupe les petits points saillans dont sa surface est parsemée.

2°. *Ostéologie.*

Lorsque les muscles qui renflent le crâne à l'extérieur

sont enlevés, il paroît fort plat, et entièrement de niveau avec la face : celle-ci se termine en pointe en avant. La partie moyenne du crâne a ses côtés parallèles ; la postérieure s'élargit à l'endroit des pédicules qui portent la mâchoire inférieure, lesquels se dirigent en avant en descendant et s'écartant très-peu. En arrière, l'occiput a deux crêtes latérales pour les muscles. La tête s'articule par deux condyles sur l'atlas : le dessous du crâne est aussi fort plat.

Il n'y a ni arcade zygomatique, ni orbite, ni fosse temporale distinctes.

La mâchoire supérieure a tout autour une rangée de petites dents pointues et verticales, et en avant seulement une petite rangée de plus située devant l'autre. L'inférieure n'a aussi qu'une rangée de dents pareilles à celles d'en haut. Ses deux branches sont presque rectilignes, et font un angle d'environ 45°. Elle n'a point de branche montante, et l'apophyse coronoïde est peu considérable.

Toutes ces parties sont bien ossifiées et dures ; et quoique les sutures y soient encore visibles, on ne peut y méconnoître les os d'un animal fort voisin de l'état adulte.

L'appareil osseux qui porte les branchies, est beaucoup plus dur que nous ne l'avons trouvé dans la *sirène* et dans l'*axolotl*, et offre quelques différences de composition. Les branches hyoïdes sont grêles, et suspendues aux côtés du crâne, derrière l'articulation de la mâchoire inférieure. L'hyoïde est court et gros, et porte en arrière deux pièces également courtes et grosses qui divergent un peu. Le premier arceau de chaque côté, qui est le plus gros, s'articule à l'extrémité d'une de ces pièces, et porte les deux autres arceaux attachés à son bord postérieur.

Il y a cinquante-six vertèbres; le bassin est attaché à la trente-unième : les vingt-cinq suivantes appartiennent à la queue.

Six de ces vertèbres seulement, à compter de la seconde, portent des rudimens de côtes encore plus petits que ceux des salamandres et de la sirène.

Toutes ces vertèbres, excepté les dernières de la queue, sont parfaitement ossifiées : elles ont toutes des formes propres à cette espèce.

3°. *Organes de la digestion.*

La langue est courte, peu libre en avant, et soutenue par l'extrémité antérieure de l'os hyoïde; le canal intestinal s'étend presqu'en droite ligne d'une extrémité de l'abdomen à l'autre; l'œsophage est plissé longitudinalement; l'estomac n'est qu'une partie un peu plus large du canal, qui ne se distingue par aucun étranglement. Il n'y a ni cœcum, ni gros intestin; le foie est oblong, pointu aux deux bouts, d'un gris noirâtre; son bord gauche a deux échancrures; il occupe près des deux tiers de la longueur de l'animal. La vésicule est grande, attachée à sa face interne vers le milieu, et verse la bile dans l'intestin par un canal très-court; le pancréas est petit, étroit, et attaché à l'intestin vis-à-vis la vésicule; la rate est oblongue, étroite, attachée au mésentère un peu plus en avant, et longue comme le quart du foie à peu près; le mésentère est simple, et offre les mêmes vaisseaux qu'à l'ordinaire : il n'y a point d'épiploon.

4°. *Organes de la circulation.*

Je me suis assuré qu'ils sont les mêmes que dans la *sirène*; seulement la réunion des veines branchiales, pour former l'artère dorsale, se fait un peu plus bas.

5°. *Organes de la respiration.*

Les branchies se meuvent comme dans l'axolotl, la sirène, etc.; mais aucun reptile n'a moins de poumons, s'il est permis de s'exprimer ainsi, que notre *protée.* Il n'y a point de *larynx* proprement dit, mais seulement un petit trou sur le fond du pharynx, lequel donne dans une cavité commune en forme de croissant, dont les angles se prolongent pour former les poumons. Ceux-ci ne sont que deux canaux membraneux très-minces, terminés par un léger renflement; il n'y a dans leur intérieur aucune division en cellules, et l'on n'aperçoit que très-peu de vaisseaux sur leurs parois. Quand on songe combien il y a peu de différence entre de tels poumons et les vessies aëriennes fourchues de certains poissons cartilagineux, on ne peut guère se défendre de l'idée que ces vessies n'aient quelque analogie avec les sacs pulmonaires de ces derniers reptiles.

6°. *Organes de la génération.*

Ils sont fort bien développés dans l'individu que j'ai observé, et qui étoit une femelle. Les ovaires sont fort bas dans l'abdomen aux deux côtés du rectum, oblongs, lobés, pleins de petits œufs très-distincts. Des oviductus très-longs, et faisant beaucoup de festons, comme ceux de la salamandre, remontent jusque vers le tiers antérieur de l'abdomen.

7°. *Organes des sécrétions.*

Il y a des reins et une vessie, comme dans les salamandres; les reins sont très-longs, et remontent fort avant dans l'abdomen.

Toutes ces observations, et surtout celles qui ont l'*ostéologie* pour objet, me paroissent achever de mettre hors de doute que le *protée* est un animal particulier, différent de tous ceux que nous connoissons; elles me paroissent même rendre très-vraisemblable que c'est un animal adulte qui ne doit plus changer d'état.

On sait qu'il est excessivement rare, ne s'étant trouvé jusqu'ici, en très-petit nombre, que dans ces lacs de la Carniole si célèbres par leurs communications souterraines et les phénomènes singuliers qui en résultent. Celui de *Cirknitz* est le plus fameux, et on le regarde comme la source de tous les autres. C'est lui qui a fourni le premier *protée*, suivant Laurenti; cependant, M. Schreibers assure que l'espèce n'habite proprement que le lac de *Sittich*, l'un de ceux qui communiquent avec celui de *Cirknitz*, et qu'elle n'en sort que dans les inondations.

Il est possible que son séjour naturel soit précisément

dans ces canaux souterrains qui vont d'un lac à l'autre. Le *protée* a, en effet, tous les caractères d'un animal souterrain, aussi bien que ceux d'un animal aquatique. Ses petits yeux cachés, et rendus inutiles par une peau opaque, rappellent surtout le *rat-taupe* (*spalax typhlus*), qui vit sous terre, et qui a parfaitement la même organisation.

Toutes les habitudes du *protée* désignent une lenteur et une foiblesse bien d'accord avec l'excessive petitesse de ses organes pulmonaires et le peu de multiplication de leur surface.

M. Schreibers m'a fait l'honneur de m'écrire, en m'envoyant l'échantillon qui a fait l'objet de ces recherches, que, depuis l'année 1801 qu'il publia son Mémoire, il s'en est trouvé plusieurs individus tous parfaitement semblables entr'eux, mais que l'on en a toujours vainement cherché qui eussent perdu leurs branchies; que lui-même en possède, depuis deux ans, quelques-uns vivans qui continuent à se bien porter, quoiqu'ils n'aient pris aucune nourriture depuis qu'il les a. Il ajoute qu'il est plutôt porté à les regarder comme des espèces d'*albinos* ou de *cretins*, que comme des larves; mais il faudra toujours convenir que ce ne peuvent pas être des *albinos* d'espèces connues, puisque leur ostéologie n'a rien de commun, pour le nombre et la forme des pièces, avec celles d'aucun autre reptile.

En dernier résultat, le présent Mémoire prouveroit donc, que parmi les trois reptiles regardés encore récemment comme douteux, un seulement, savoir l'*axolotl*, doit être effacé du catalogue des animaux et considéré comme une larve; et que les deux autres, c'est-à-dire la *sirène* et le *protée*, sont des êtres distincts, que tout annonce ne point devoir changer d'état, et qu'il faut, par conséquent, en faire des genres particuliers, intermédiaires à quelques égards, entre la famille des *reptiles batraciens* et celle des *poissons chondroptérygiens.*

EXPLICATION DES FIGURES.

PLANCHE I.

Splanchnologie de la Sirène.

Fig. 1. Sirène ouverte.

N. B. Le graveur ayant négligé d'employer le miroir, ce qui est à gauche dans ces figures, doit être replacé à droite par l'imagination, et réciproquement.

a. L'œil. *b b.* Les branchies. *c c c.* Les trous par lesquels l'eau sort de la bouche. *d d.* Partie des cartilages qui supportent les branchies. *e e.* Diaphragme tapissé en dessous par une portion du péricarde. *f.* Le cœur. *g.* L'artère qui part du cœur et se distribue toute entière aux branchies. *h.* L'oreillette du cœur, qui en recouvre presque toute la face antérieure. *i i.* La principale veine cave, qui marche sur la face externe du foie. *k.* L'œsophage. *l l.* L'estomac. *m m.* Le canal intestinal. *n.* Le rectum. *o.* La vessie. *p p p.* Le foie. *q.* La vésicule du fiel. *r.* Le canal biliaire. *s s s.* Partie des artères mésentériques. *t t t.* Partie des veines mésaraïques. *u u u.* Le poumon droit. *v.* Son extrémité recourbée en avant. *w.* Parties du poumon gauche. *x x.* L'ovaire droit.

Fig. 2. Partie des organes de la circulation.

a. Le cœur. *b.* L'artère branchiale. *c c c c c c.* Ses rameaux aux branchies. *d.* Les arceaux cartilagineux qui portent les branchies. *e e.* Veines venant de la mâchoire inférieure et parties environnantes. *f f.* Veines venant de quelques autres parties de la tête. *g g.* Troncs des veines jugulaires. *h.* Sinus commun de toutes les veines. *i.* Oreillette du cœur. *k k.* Partie supérieure des poumons. *l l.* Trachée-artère. *m.* Œsophage.

Fig. 3. Autre partie des organes de la circulation.

a. Le cœur déplacé, rejeté en avant. *b.* L'artère branchiale, *id.* *c.* L'oreillette. *d.* Le sinus commun des veines. *e.* La veine cave inférieure. *f f.* Le foie. *g.* L'œsophage. *h.* Le poumon droit. *i.* La trachée-artère. *k.* Le larynx. *l l.* Les veines inférieures de la tête. *m m.* Les supérieures. *n.* Leur tronc du côté droit, se joignant au sinus commun des veines *d.* *o o o.* Les veines branchiales prenant le tissu artériel, et se réunissant pour former le tronc commun des artères du corps. *p.* Ce tronc. *q.* Artère qui se rend au travers du foie vers la vésicule du fiel. *r.* Artère stomachique.

PLANCHE II.

L'Axolotl et une partie de son anatomie.

Fig. 1. L'*axolotl* vu en dessous.

Fig. 2. Le même vu en dessus.

Fig. 3. La gorge de l'axolotl.

On a relevé les opercules charnus et écarté les arcs branchiaux, pour faire voir les ouvertures, leurs dentelures et la connexion des branchies avec les arcs.

Fig. 4. L'*axolotl* ouvert.

1 1. Muscles genio-hyoïdiens. 2 2. Les analogues des sterno-hyoïdiens. 3 3. Muscles qui tirent en avant les premiers arceaux branchiaux. 4 4. Muscles qui les tirent en arrière. 6 6 6. Les arcs branchiaux. 7 7 7. Les branchies. 8 8. Les opercules membraneux et charnus relevés. 9 9. La peau jetée de côté. 10 10. Les muscles pectoraux encore en place. 11. Le foie. 12. La vésicule. 13. L'estomac. 14 14. Diverses parties des intestins. 15 Partie des intestins, où l'on voit encore une écrevisse entière. 16. Extrémité d'un des poumons.

PLANCHE III.

Splanchnologie des têtards de Crapaud brun et de Salamandre aquatique, et ostéologie du Protée.

Fig. 1. Jeune têtard ouvert.

a a. Les pieds de devant qui étoient cachés sous la peau, entre le sac des branchies et celui de l'abdomen. *b* Les viscères vus au travers du sac abdominal formé par le péritoine et les muscles abdominaux. *c.* Le cœur et son oreillette en place. *d d.* Les branchies. *e.* Le bec. *f.* Partie de ses muscles.

Fig. 2. Autre têtard dont le sac pectoral et le branchial ont été ouverts, et que l'on voit par le côté.

a. Le bec et les lèvres ouverts et écartés. *b b.* Les lambeaux du sac pectoral. *c.* L'œil droit. *e e.* Les branchies. *f.* L'oreillette. *g.* Le cœur. *h.* L'artère branchiale. *i.* Les veines branchiales sortant des branchies vers le dos pour former l'artère dorsale. *k.* Artère pulmonaire. *l.* Poumon droit. *m m* Les lobes du foie. *n n.* Les circonvolutions de l'intestin. *o.* Les appendices graisseux du testicule.

Fig. 3. Autre têtard dont on a enlevé les viscères et abaissé les arcs branchiaux et le cœur.

a. Le bec et les lèvres qui le précèdent. *b.* L'oreillette. *c.* Le cœur. *d.* L'artère branchiale. *e e.* Les branchies auxquelles elle se distribue. *f f.* Veines qui sortent de ces branchies pour former l'artère dorsale. *g.* Commencement de l'artère dorsale. *h h.* Artères fournies par les veines branchiales à la tête, avant leur réunion en artère dorsale. *i i.* Les poumons. *k k.* Les appendices graisseux des testicules.

Fig. 4. Larve de salamandre ouverte.

a. Le cœur. *b.* L'oreillette. *c.* La trachée-artère. *d.* L'artère branchiale et sa distribution. *e e.* Les branchies, dont les arceaux cartilagineux *f f* ont été écartés. *g.* Le foie. *h.* L'intestin. *i.* Le rectum. *k.* La vessie. *l l.* Les appendices graisseux des ovaires. *m m.* Les poumons. *n n.* Les ovaires. *o.* L'anus.

Fig. 5. Le squelette du protée vu par le dos.

Fig. 6. Sa tête vue en dessus.

Fig. 7. La même vue en dessous.
Fig. 8. La même vue de profil.
Fig. 9. Une de ses vertèbres dorsales vue en arrière et par le côté.
Fig. 10. Une de ses vertèbres lombaires vue en dessus, en dessous, par le côté et par les deux extrémités.

PLANCHE IV.

Ostéologie de la Sirène et de l'Axolotl.

Fig. 1. Vertèbre dorsale de la sirène vue en dessus.
Fig. 2. La même en dessous.
Fig. 3. De côté.
Fig. 4. En avant.
Fig. 5. En arrière.
Fig. 6. Le squelette entier de la sirène à demi-grandeur.
Fig. 7. La tête, les premières vertèbres et les bras de la sirène au double de leur grandeur naturelle, vus de profil.
Fig. 8. Sa tête au double de sa grandeur, vue en dessous.
Fig. 9. La même, vue en dessous, après qu'on en a séparé la mâchoire inférieure et tout l'appareil branchial.
Fig. 10. Le squelette de l'axolotl.
Fig. 11. Une de ses vertèbres dorsales vue en dessus.
Fig. 12. La même, vue en arrière.
Fig. 13. La même, vue en dessous.
Fig. 14. La tête de l'*axolotl* grossie et vue de profil.
Fig. 15. La même, vue en dessous, après qu'on a enlevé la mâchoire inférieure et l'appareil branchial.
Fig. 16. La même, vue en dessus.

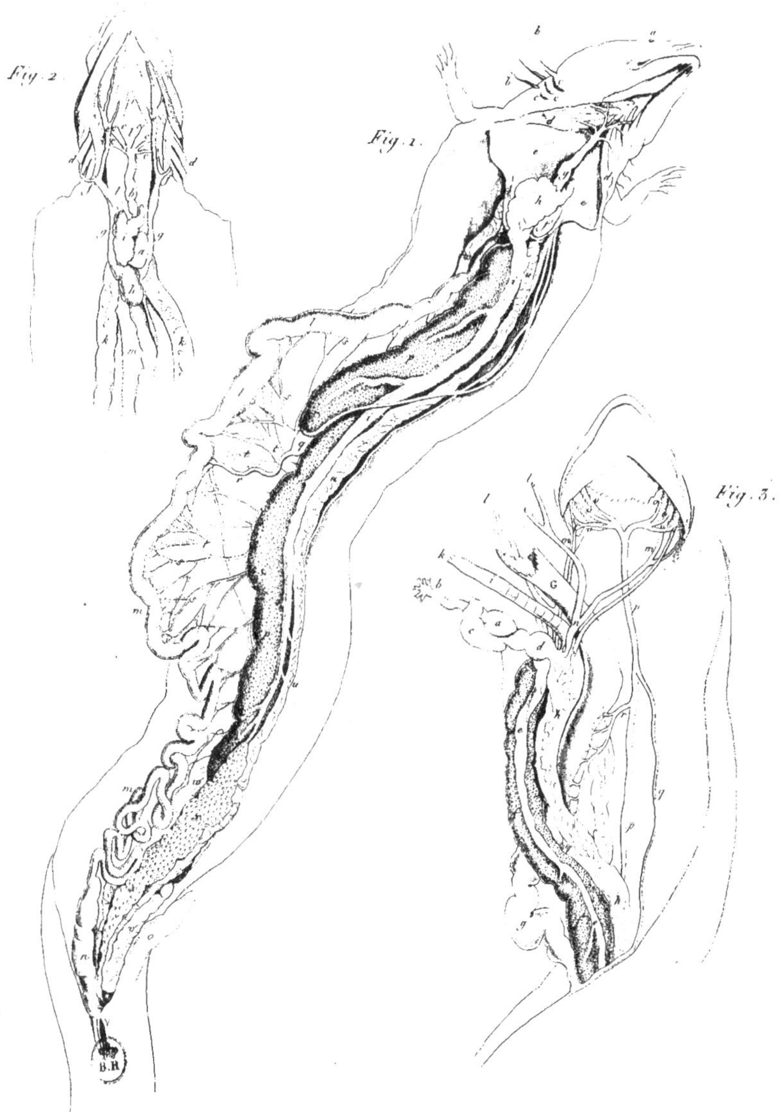

SIRENIS LACERTINÆ Splanchnologia.

llard del.

Bouquet sculp.

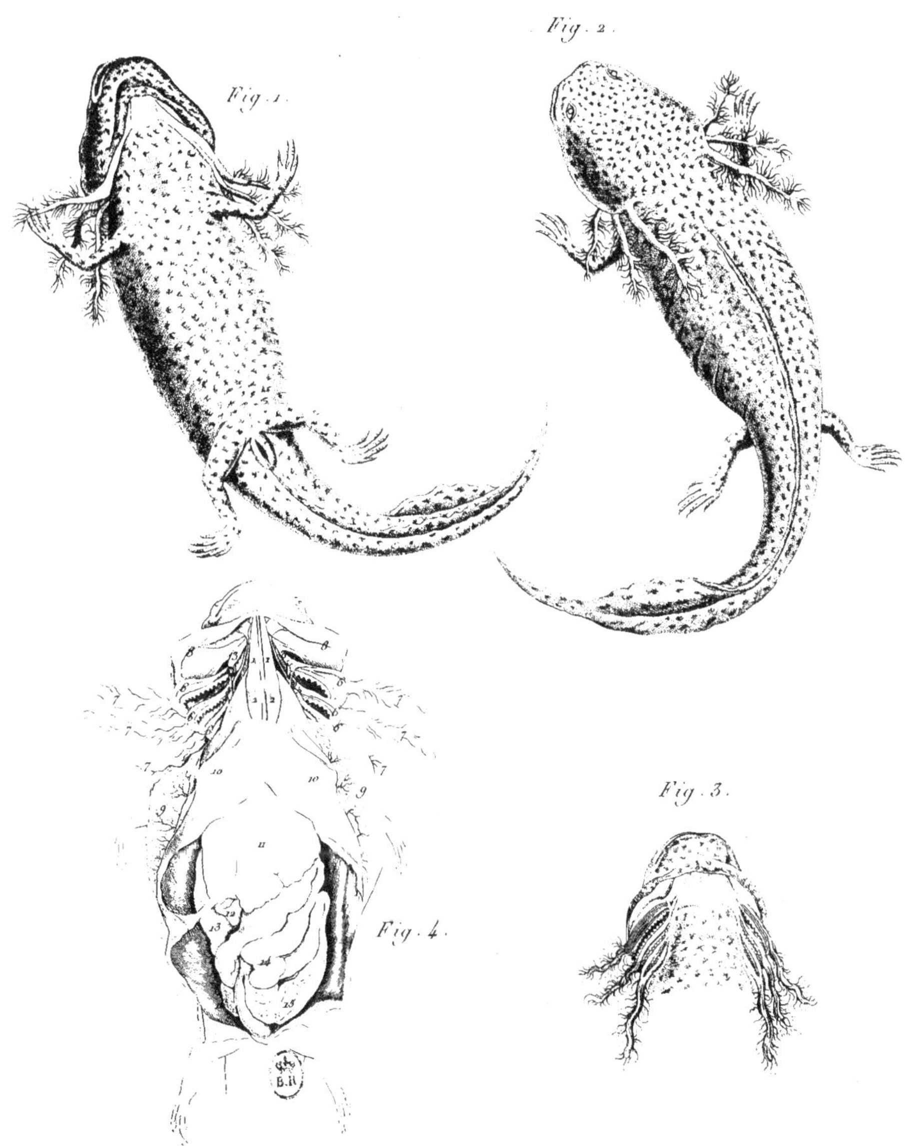

PROTEUS, seu Larva Salamandræ, Mexicanis AXOLOTL.

nvillard del. Bouquet sculp.

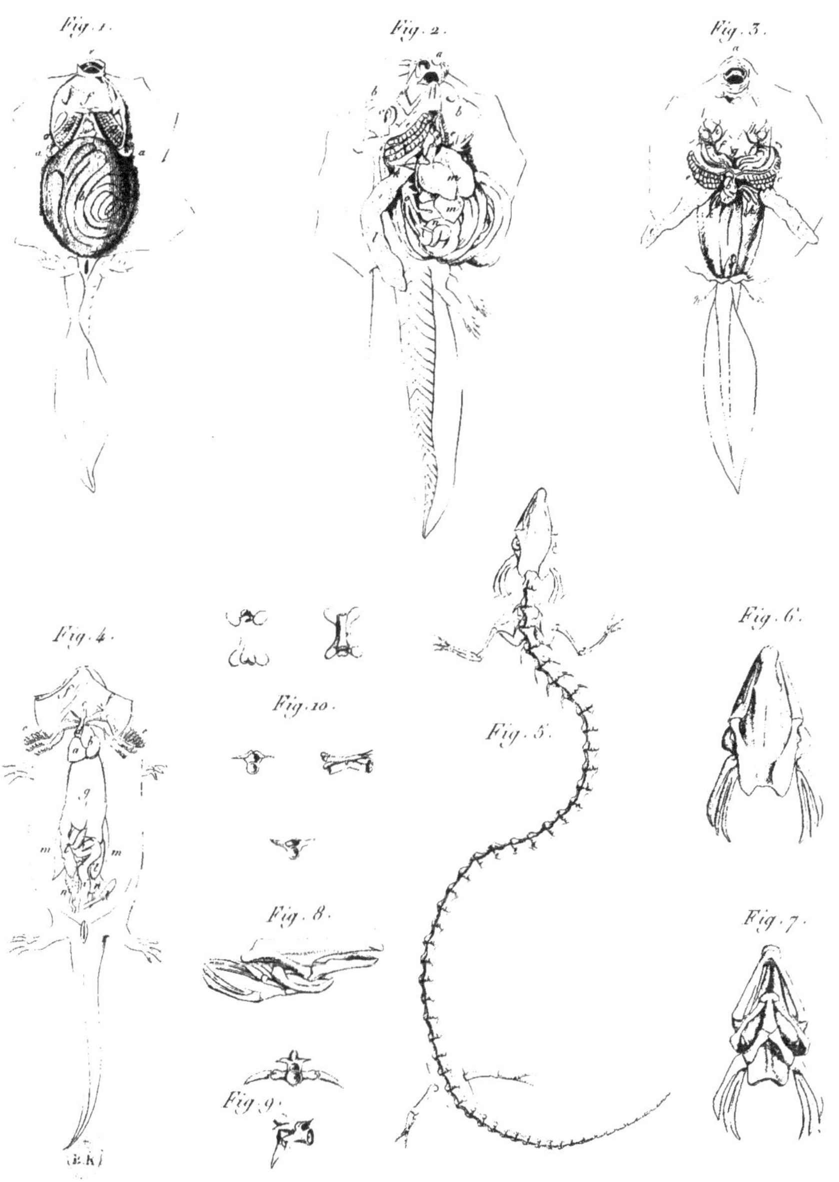

Splanchnologia larvæ BUFONIS FUSCI, et SALAMANDRÆ AQUATICÆ.

Skeleton PROTEI ANGUINI.

...willard del. — Bouquet sculps.

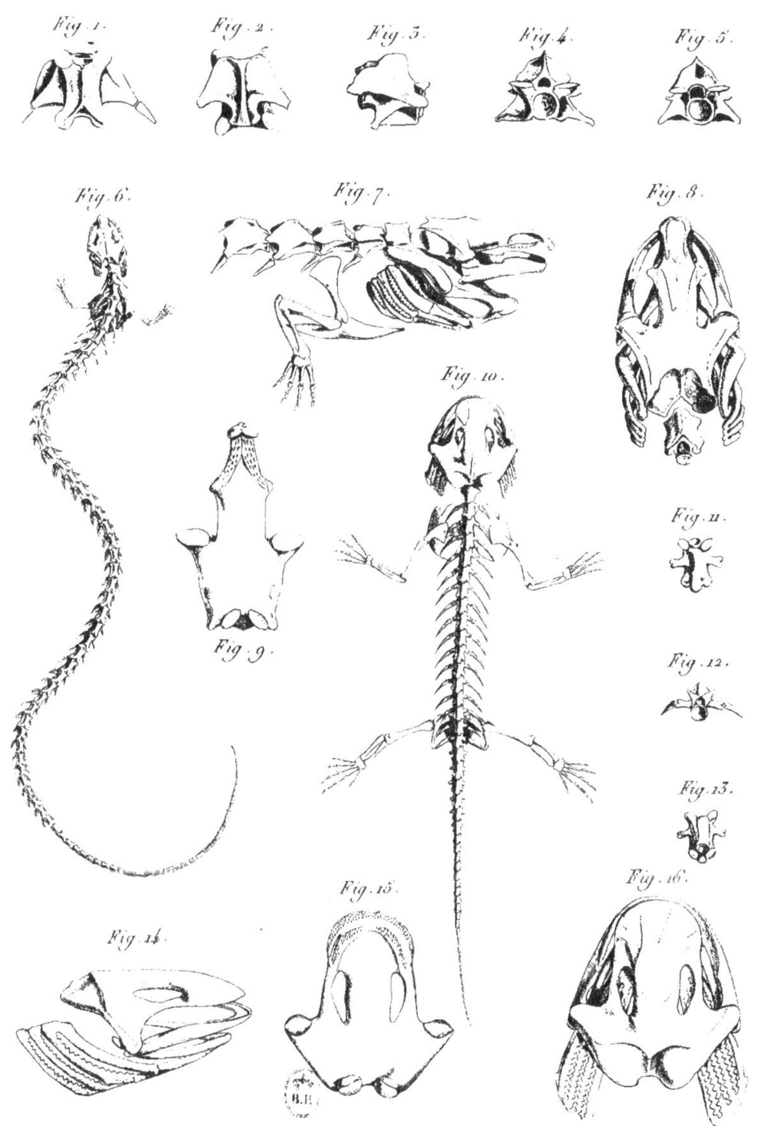

Sceleta SIRENIS LACERTINÆ et PROTEI MEXICANI.

Laurillard del. Bouquet sculps.

www.ingramcontent.com/pod-product-compliance
Lightning Source LLC
LaVergne TN
LVHW012000160826
845678LV00002B/637

* 9 7 8 2 3 2 9 6 8 4 2 0 8 *